Untersuchungen zur Wirkung von ionisierter Luft auf Bindemittel und Pigmente

Verlag der
Fachhochschule
Potsdam

Untersuchungen zur Wirkung von ionisierter Luft auf Bindemittel und Pigmente

Eine Methode zur Dekontaminierung von mikrobiologisch befallenen Wandmalereien

Lilli Birresborn

UROP-Forschungsprojekt der Fachhochschule Potsdam 2017
Betreut durch Prof. Dr. Steffen Laue

Abbildung vorne:
Auswahl der untersuchten Bindemittel

Impressum

Bibliografische Information der Deutschen Nationalbibliothek:
Die Deutsche Nationalbibliothek verzeichnet diese Publikation in
der Deutschen Nationalbibliografie; detaillierte bibliografische
Daten sind im Internet über http://dnb.d-nb.de abrufbar.

Dieses Buch ist auch als freie Onlineversion über die Homepage des
Verlags sowie über den OPUS-Publikationsserver der Fachhochschule
Potsdam verfügbar.
http://nbn-resolving.de/urn/resolver.pl?urn:nbn:de:kobv:525-15711

Lilli Birresborn
Untersuchungen zur Wirkung von ionisierter Luft auf Bindemittel
und Pigmente
Eine Methode zur Dekontaminierung von mikrobiologisch befallenen
Wandmalereien

Studentische Forschung *Konservierung und Restaurierung* Band 1

Verlag der Fachhochschule Potsdam
www.fh-potsdam.de/verlag

© 2017 Fachhochschule Potsdam
Texte und Bilder in Verantwortung der Autorin

ISBN   978-3-934329-88-1   Print
URN   urn:nbn:de:kobv:525-15711   Digital

Layout: Johanna Olm
Herstellung und Vertrieb: tredition GmbH, Hamburg
Gesetzt in TheAntiquaSun

Untersuchungen zur Wirkung von ionisierter Luft auf Bindemittel und Pigmente

**Eine Methode zur Dekontaminierung
von mikrobiologisch befallenen Wandmalereien**

Abstract

Diese Publikation entstand im Rahmen des studentischen Forschungsprogramms »UROP – Einstieg in Forschung« an der Fachhochschule Potsdam und basiert auf der Masterthesis der Autorin aus dem Jahr 2016. Sie beschäftigt sich mit der Wirkung von ionisierter Luft auf ausgewählte Schimmelpilze, Bindemittel und Pigmente der Wandmalerei. Die Technologie der ionisierten Luft wird derzeit erstmals umfangreich auf ihre Eignung zur Bekämpfung eines mikrobiologischen Befalls von Kulturgut (wie beispielsweise Schimmelpilzen auf Wandmalereien) untersucht. In dieser Arbeit werden die ersten Ergebnisse von zwei Versuchsreihen aus der Masterthesis dargestellt, die überprüfen sollen, ob sich durch die Behandlung die Wandmalereien selber verändern. Hierzu wurden Probekörper von 14 Pigmenten und zehn Bindemitteln experimentell der ionisierten Luft ausgesetzt und mittels eines Vergleichs mit Referenzproben auf mögliche behandlungsbedingte Veränderungen hin untersucht. Dabei kamen mikroskopische Untersuchungen, ein Röntgendiffraktometer, ein Infrarot-, Massen-, und UV/VIS-Spektrometer sowie ein Spektralphotometer zum Einsatz. Die Ergebnisse der Untersuchungen sprechen für verschieden starke behandlungsbedingte Veränderungen an einzelnen Pigmenten und dem Großteil der Bindemittel. Diese Thesis wurde im Rahmen eines durch die Deutsche Bundesstiftung Umwelt geförderten Forschungsprojektes verfasst. Sie entstand in Zusammenarbeit mit der Fachhochschule Potsdam und der Hochschule für Angewandte Wissenschaft und Kunst Hildesheim (HAWK).

UROP - Einstieg in die Forschung

Dieses Buch ist im Rahmen des Programms zur Förderung studentischer Forschung »UROP - Einstieg in die Forschung« an der Fachhochschule Potsdam entstanden. UROP steht für Undergraduate Research Opportunities Program. Das Format startete im Jahr 1969 am renommierten MIT (Massachusetts Institute of Technology, Boston), um Bachelorstudierenden die Teilhabe an wissenschaftlicher Forschung zu ermöglichen. Inzwischen wurde an fast allen US-Universitäten ein UROP eingerichtet; ähnliche Programme gibt es in Großbritannien, Singapur und seit 2008 auch an der RWTH Aachen. An der Fachhochschule Potsdam wurde »UROP - Einstieg in die Forschung« im Rahmen des bis Herbst 2016 aus Mitteln des Bundesministeriums für Bildung und Forschung geförderten Projekts FL² Forschendes Lernen - Lehrende Forschung konzipiert und ins Leben gerufen. Seit 2015 können Bachelorstudierende aus dem Fachbereich Stadt | Bau | Kultur teilnehmen und eine fachliche und finanzielle Förderung erhalten. Die UROP-Studierenden werden von der Entwicklung und Durchführung eines Forschungsprojekts bis zur Publikation der Forschungsergebnisse fachlich und methodisch betreut.

GEFÖRDERT VOM

*Gefördert im Rahmen des Qualitätspakts Lehre
(Förderkennzeichen: 01PL11040).*

Vorwort

Die Untersuchungen zur Beurteilung der Materialtauglichkeit des Ionisationsverfahrens an Kunst- und Kulturgut sind Teil eines von der Deutschen Bundesstiftung Umwelt geförderten Projekts zu »praxisorientierten Versuchen zur modellhaften Dekontaminierung einer starken Schimmelbesiedlung auf Putzen, Wandmalereien und Naturstein in der Crodelhalle der Moritzburg, Halle«.

Teilnehmer des von 2014 bis 2017 laufenden Projekts sind das Landesamt für Denkmalpflege und Archäologie Sachsen-Anhalt, die Stiftung Moritzburg, Halle, das Institut für Diagnostik und Konservierung an Denkmalen e. V. und die Hochschule für Angewandte Wissenschaft und Kunst, Hildesheim.

Die spätmittelalterliche Burganlage der Moritzburg erfuhr bereits im Dreißigjährigen Krieg massive Schädigungen, durch die weite Teile der Burganlage zerstört und nicht wieder aufgebaut wurden. Um 1900 bestand massive Einsturzgefahr, die letztlich zu einer Umnutzung von Teilen des Nordflügels u. a. als Gymnastikhalle führten, in die Crodel 1931 das Wandbild »Wettlauf des Hippomenes mit Atalante« malte. Bereits 1936 erfolgte die Übermalung als »entartete Kunst«.

Während der Sanierung des Nordflügels erfolgten gespülte Bohrungen zur statischen Ertüchtigung und damit ein massiver Feuchteeintrag und als Folge eine extreme Belastung der Architekturoberflächen durch Schimmelbesiedlung. Verstärkt durch unsachgemäße Nutzung und Umnutzung führte dies zur Sperrung der Crodelhalle.

Wegen der Größe des Raumes und der Ausdehnung des Befalls ist die Erprobung unterschiedlicher Maßnahmen und Technologie zur Dekontamination nicht nur im Labor sondern auch durch das Anlegen verschiedener Musterflächen im Objekt gegeben. Ausdrücklich sollte hier auf den Einsatz persistierender giftiger Chemikalien verzichtet werden. Insbesondere sollen Verfahren entwickelt und sowohl auf ihre Wirksamkeit als auch die Materialverträglichkeit für die empfindlichen Oberflächen des teils freigelegten Wandgemäldes erforscht werden. In diesem Zusammenhang steht die Masterthesis von Lilli Birresborn, welche die Anwendungsmöglichkeit der Ionisationstechnik untersuchte.

Prof. Dr. Karin Petersen
Hochschule für Angewandte Wissenschaft und Kunst Hildesheim
Fakultät Bauen und Erhalten

Die Autorin

Lilli Birresborn, geboren 1985 in Berlin, begann 2009 ihr Studium für Konservierung und Restaurierung von Wandmalereien an der Fachhochschule Potsdam und schloss dieses 2014 erfolgreich mit dem Bachelor ab. Anschließend begann sie ihr Masterstudium in derselben Studienrichtung. Die abschließende Masterthesis bildet die Grundlage der vorliegenden Publikation.

Lilli Birresborn, geboren 1985 in Berlin, begann 2009 ihr Studium für Konservierung und Restaurierung von Wandmalereien an der Fachhochschule Potsdam und schloss dieses 2014 erfolgreich mit dem Bachelor ab. Anschließend begann sie ihr Masterstudium in derselben Studienrichtung. Die abschließende Masterthesis bildet die Grundlage der vorliegenden Publikation.

Inhalt

Einleitung

Eine verstärkte Besiedlung von Wandmalereien durch Mikroorganismen kann verschiedene Schäden für ein Kulturgut und den Menschen zur Folge haben.[1] Die Schadensbilder eines Befalls erstrecken sich von Verlusten an den Malschichten über Verfärbungen bis hin zur Schädigung des Untergrundes. Weiter können schwerwiegende gesundheitliche Beeinträchtigungen für den Menschen, wie Infektionen, Allergien, toxische Reaktionen, Geruchswirkungen oder Befindlichkeitsstörungen die Folge sein.[2]

Außerhalb der Denkmalpflege ist es üblich, einen mikrobiologischen Befall von Wandbereichen mit handelsüblichen Bioziden zu bekämpfen oder ganze Putzbereiche auszutauschen. Ist jedoch wertvolles Kulturgut von z.B. Schimmelpilzen befallen, so scheiden derartige Methoden in der Regel gemäß der Prämisse des Erhalts der Originalsubstanz aus.

Auf der Suche nach einer substanzschonenden Keimreduzierung stehen hier insbesondere die kontaktfrei anzuwendenden Methoden im Fokus der Forschung. So wurde bereits die Eignung von UV-Strahlung, Ozon und ionisierender Strahlung untersucht.[3] Neben ihrer letalen Wirkung auf Mikroorganismen stellen diese Methoden eine Belastung für die Originalsubstanz dar oder lassen sich bisher nicht auf großflächige Oberflächen, wie Wandmalereien, anwenden.

Weiter ist der Einsatz wegen ihrer unterschiedlich hohen Human- bzw. Ökotoxizität oft nur eingeschränkt möglich. In diesem konservatorisch-restauratorischen Arbeitsfeld besteht noch dringender Forschungsbedarf.

---

1 Vgl. Berner, Petersen 1992, 164.

2 Vgl. Wiesmüller, Heinzow, Herr 2013, 15.

3 Vgl. Hilge, Petersen, Krumbein 1998.

Im Rahmen des von der Deutschen Bundesstiftung Umwelt (DBU) geförderten Forschungsprojektes[4] wurden unterschiedliche Materialien und Technologien zur Sanierung eines mikrobiologischen Befalls von Wandmalereien und Architekturoberflächen erprobt und verglichen. Ausgewählt wurden dazu die Architekturoberflächen der Crodel-Halle der Moritzburg in Halle (Saale), in der sich auch eine Wandmalerei des gleichnamigen Künstlers befindet. Die Wandmalerei mit dem Titel »Wettlauf des Hippomenes mit Atalante« wurde 1931 durch Charles Crodel (*1894 - †1973) als Caseinmalerei auf frischem Putz umgesetzt (Kalkcasein-Technik) und befindet sich heute in einem überfassten Zustand. Restauratorische Untersuchungen durch Peter Schöne[5] ergaben, dass sich auf der originalen Malerei mehrere Anstrichschichten, wie beispielsweise eine Tempera-Tünche, Leimemulsionen und Dispersionsfarben befinden. In der gesamten Crodel-Halle besteht ein starker Befall durch Mikroorganismen, insbesondere durch Schimmelpilze und Bakterien.[6] Aufgrund des gesundheitlichen Risikos für den Menschen, kann sie nicht für den Museumsbetrieb genutzt werden. Eine der hier untersuchten Methoden ist die Dekontaminierung mit Hilfe ionisierter Luft. Die Methode wurde in diesem Forschungsprojekt erstmals im Bereich von Wandmalereien in der Denkmalpflege eingesetzt und wissenschaftlich auf ihre Wirksamkeit hin erprobt. Im Rahmen der dieser Veröffentlichung zugrunde liegenden Masterthesis[7] wurden erste Versuchsreihen zu der Wirkung der Technologie auf ausgewählte Schimmelpilze, Pigmente und Bindemittel der Wandmalerei ausgeführt. Die kritische Überprüfung des Verfahrens wurde in Form von Versuchsreihen mittels Probekörpern vorgenommen, die nach den Behandlungsphasen mit Referenzproben verglichen wurden. So sollten erste Erkenntnisse zu einem möglichen Behandlungspotential erzielt werden. Die Thesis entstand an der Fachhochschule Potsdam als Kooperationsprojekt mit der Hochschule für Angewandte

---

4   Der Titel des Forschungsprojektes lautet »Praxisorientierte Versuche zur modellhaften Dekontaminierung aufgrund anthropogenen Handelns bedingter Schimmelbesiedlungen auf Putzen, Wandmalereien und Naturstein in der Crodel-Halle der Moritzburg in Halle«. Aktenzeichen: 31440/01. Förderzeitraum 18.12.2013 - 31.12.2017.

5   Schöne 2015.

6   Vgl. Schöne 2015, 3.

7   Birresborn 2016.

Wissenschaft und Kunst Hildesheim (HAWK). Aus der Masterthesis[8] werden in diesem Band die Versuchsreihen und erste Ergebnisse zu der Wirkung von ionisierter Luft auf Bindemittel und Pigmente von Wandmalereien vorgestellt.

Die Technologie der ionisierten Luft

Das Prinzip der Technologie der ionisierten Luft basiert auf einer kontrollierten, künstlichen Ionisation von Sauerstoff-Molekülen in der Luft in einem elektrischen Feld mit hoher Feldstärke. Der elektrochemische Vorgang findet zwischen zwei entgegengesetzt geladenen Elektroden statt. Es bilden sich positive und negative Sauerstoff-Ionen, die dabei ihre elektrische Neutralität verlieren ($2O_2$ à O_2+ und O_2-).[9] Die geladenen Ionen gehen im Vergleich zu den chemisch trägeren, neutralen O_2- Molekülen der Luft schneller Reaktionen mit anderen Atomen und Molekülen in ihrer Umgebung ein. Daraus erklärt sich eine Reihe von Einsatzmöglichkeiten. In der Industrie werden Sauerstoffionen beispielsweise zur Verminderung oder Unterdrückung von elektrostatischen Aufladungen bei Produktionsverfahren von Folien- oder anderen isolierenden Produkten eingesetzt. Im Bereich der Chip- und Displayfertigung oder in der Pharmaindustrie wird ionenangereicherte Luft zur Minimierung der Anbindungen von Schwebstäuben an Oberflächen genutzt. Ulrich Winkelmann untersuchte im Rahmen einer Masterthesis 2011 erstmals die Wirkung einer Anwendung mit ionisierter Raumluft auf den Niederschlag von Staub auf Kunstoberflächen, insbesondere auf Fotografien. Diese Arbeit ist eine der ersten grundlegenden Auseinandersetzungen mit der Anwendung des Verfahrens an Kunst- und Kulturgut. [10]

Ein weiterer Bereich liegt in der Anwendung zur »Luftreinigung« bzw. Verbesserung der Luftqualität, insbesondere in Bürogebäuden und anderen Innenräumen. Unter anderem sollen die Ionen dabei mit Schadstoffen in der Luft zu nicht schädlichen Substanzen reagieren, sowie eine keimtötende Wirkung auf Mikroorganismen haben.[11]

8   Birresborn 2016.
9   Vgl. Winkelmann 2012, 50.
10   Vgl. ebd. 2012, 49.
11   Vgl. Heberer et al. 2005, 419.

Dieser Anwendungsbereich soll nun auf die Entkeimung von Wandmalereioberflächen übertragen werden.

Der Hersteller des in den Versuchsreihen angewandten »Ionenentkeimungssystems« hat die Technologie gezielt für die Dekontaminierung von Innenräumen entwickelt. Die eingesetzten Ionisatoren bestehen aus einem Ionisationsmodul, einem Steuerungsschrank und einem Stützsystem für die Installation (siehe Abbildung 1). Ein Rohr mit vergitterter Öffnung dient dem Ionisationsmodul als Lufteinlass. Die Luft wird aufgenommen und gelangt an das Ventilator-Modul. Dort wird sie beschleunigt, gelangt in den Erzeuger-Abschnitt und wird dann ionenangereichert aus der Mündung in den Raum geblasen. Die erzeugten Sauerstoffionen sollen die Eigenschaft besitzen, Kohlenwasserstoffe und deren chemisch-analogen Verbindungen zu Kohlendioxid und Wasser zu oxidieren. So könnten beispielsweise Bakterienhüllen gespalten und somit nachhaltig vernichtet werden.[12] Dies käme der Wirkung von Ozon auf organische Moleküle nahe.[13]

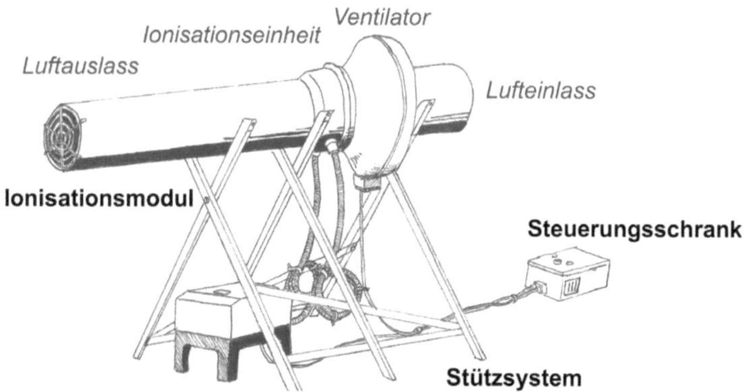

Abb. 1

Schematische Darstellung eines Ionisators des »Ionenentkeimungssystems« (entnommen aus Birresborn 2016)

---

12 Vgl. Fischer 2005, 2.

13 Vgl. Hilge, Petersen, Krumbein 1998, 163.

Versuchsaufbau

Für das Forschungsprojekt wurde das »Ionenentkeimungssystem«[14] direkt in der kontaminierten Crodel-Halle der Moritzburg installiert und eingesetzt. Zwei dieser Ionisatoren wurden so in der Halle aufgestellt, dass ihre Gebläse die Raumluft in Zirkulation brachten. So sollte eine gleichmäßige Verteilung der Ionen im Raum gewährleistet werden (siehe Abbildung 2).

Für die Untersuchungen zur Wirkung der Technologie auf die Bestandteile von Wandmalereien wurden zuerst Pigmente und Bindemittel ausgewählt und Probekörper hergestellt, die anschließend der ionisierten Luft ausgesetzt wurden. Die eine Hälfte der Proben wurde in der Crodel-Halle für 28 Tage mit der ionisierten Luft behandelt und danach vergleichend mit der anderen Hälfte, den Referenzproben, auf mögliche Veränderungen hin untersucht. Die zu behandelnden Proben wurden in fünf Metern Entfernung zu dem Gebläse eines Ionisators auf einem Tisch ausgelegt, über den zum Schutz vor herabfallenden Partikeln ein dünnes Vlies gespannt war (siehe Abbildung 3). Die Referenzproben wurden unbehandelt bei gemäßigten Raumtemperaturen in der Fachhochschule Potsdam gelagert.

Für die erste Untersuchungsreihe wurde eine Auswahl von 14 in Celluloseleim gebundenen Pigmenten auf Probeträgern aus Glas aufgestrichen. Ausgewählt wurden grundsätzlich Pigmente, die häufig in Wandmalereien vermalt sind. Hier sollten insbesondere Pigmente nach Befund restauratorischer Pigmentuntersuchungen der Wandmalerei Charles Crodels berücksichtigt werden.[15] Für die Auswahl wurden weiter diejenigen bevorzugt, die bereits für ihre Reaktionen mit anderen Pigmenten, Bindemitteln, Salzen, Mikroorganismen oder physikalischen und klimatischen Einflüssen bekannt sind. Die Pigmentauswahl ist in Tabelle 1 dargestellt. Glas wurde aufgrund seiner Eignung für die angewandten naturwissenschaftlichen Untersuchungsmethoden als Material für die Probeträger ausgewählt.

14 Das genutzte »Ionenentkeimungssystem« wurde von der Firma »LWT GmbH« in Weißenfels entwickelt und während des Forschungsprojektes installiert und betreut.

15 Vgl. Schöne 2015, 3.

Abb. 2
Aufstellung von zwei Ionisatoren in der Crodel-Halle
der Moritzburg

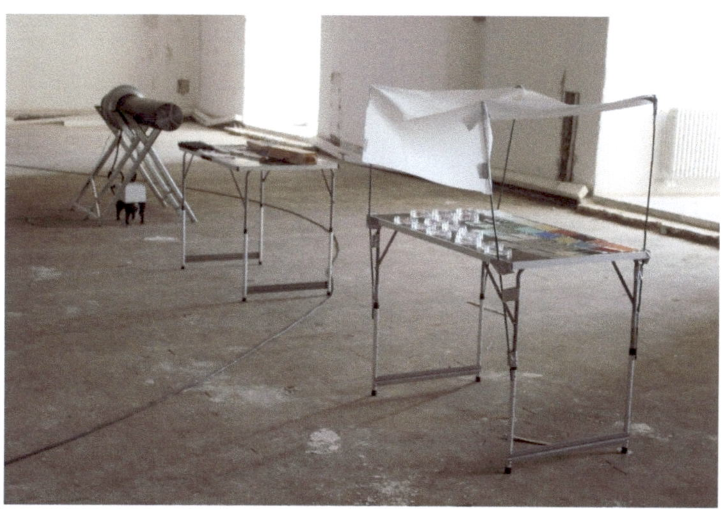

Abb. 3
Aufstellung der Probe-
körper im ionisierten
Luftstrom. Die Proben
befinden sich auf dem
Tisch im Vordergrund des
Bildes.

Tabelle 1: Auswahl der untersuchten Pigmente

Trivialname/ Handelsname (nach Farbton sortiert)	Hauptbestandteile [16]
Bleiweiß	Basisches Bleicarbonat – 2 $PbCO_3$ $Pb(OH)_2$
Eisenoxidgelb	Inhomogen zusammengesetztes Mineralgemenge, haupts. Eisenoxydhydroxide – u.a. $FeO(OH)$
Bleizinngelb	Bleistannat; Typ I: Pb_2SnO_4, Typ II: $PbSn_2SiO_7$
Neapelgelb	Bleiantimonat-Verbindungen. Zusammensetzung nicht genau bekannt; etwa $Pb(SbO_3)_2$ oder $Pb_3(SbO_4)_2$
Cadmiumrot	Cadmiumsulfid-Selenid - $Cd (S,Se)$
Caput mortuum	Künstliches Eisenoxidrot – Fe_2O_3
Zinnober	Quecksilbersulfid – HgS
Mennige	Bleiplumbat – Pb_3O_4
Krapp	Wurzelkrapplack: pflanzliches Alizarin Künstlicher Krapplack: synthetisches Alizarin (Farbstoff, der durch Verlacken wie ein Pigment nutzbar ist)
Azurit	Basisches Kupfercarbonat – 3 $CuCO_3$ $Cu(OH)_2$
Cobaltblau	Cobalt-Aluminium-Oxid – CoO Al_2O_3
Malachit	Basisches Kupfercarbonat – $CuCO_3$ $Cu(OH)_2$
Chromoxidgrün	Chrom(III)-Oxid – Cr_2O_3
Beinschwarz	Kohlenstoff mit Verunreinigungen – C

16 siehe Doerner 2009 und Schramm, Hering 1995.

Für die zweite Untersuchungsreihe wurden zehn ausgewählte Bindemittel nach historischen Rezepturen und Empfehlungen der Hersteller aufbereitet und auf Probeträger aufgebracht. Bei der Auswahl der zu untersuchenden Bindemittel und Probeträger wurde grundsätzlich nach den gleichen Kriterien vorgegangen wie bei der Pigmentauswahl. Es wurden die üblichen Bindemittel der Wandmalerei in die Untersuchungen einbezogen und hier vor allem die organischen Verbindungen. Da laut Herstellerangaben ionisierte Luft insbesondere mit organischen Substanzen reagiert, wurden organische Bindemittel für die Testreihen bevorzugt. Besonderes Augenmerk lag dabei auf den in der Wandmalerei Crodels nachgewiesenen Bindemitteln. Die Auswahl ist in Tabelle 2 aufgelistet. Die hier angewandte Analytik erforderte jeweils verschiedene Probeträgermaterialen, sodass sämtliche Bindemittel jeweils auf Probeträger aus Glas, Aluminium und Silizium aufgebracht wurden.

Tabelle 2: Auswahl der untersuchten Bindemittel

Trivialname/ Handelsname	Hauptbestandteile [17]	
Hasenhautleim	Glutinleim (tierischer Leim)	Proteine
Ammonium-Casein	Caseinleim (tierischer Leim)	Proteine
Hühnerei	Eidotter und Eiklar (tierischer Leim)	Proteine (Sphäroproteine, vorwiegend Ovalbumine)
Leinöl	trocknendes Pflanzenöl	vorwiegend Glycerinester mit Fettsäuren
Dammar	natürliches, pflanzliches Harz	vorwiegend Terpene
Bienenwachs	tierisches Wachs	vorwiegend Ester aus langkettigen Alkoholen und Säuren
Celluloseleim dünnflüssig K300	pflanzlicher Leim Methylhydroxyethylcellulose	Polysacharide
Dispersion K9	Polyacrylat	synthetisches Polymer
Polyvinylacetat 20	Polyvinylacetat	synthetisches Polymer

17   siehe Doerner 2009 und Horie 1987.

Analytik

Analytik der Pigment-Untersuchungen

Nach der Behandlungsphase wurden die Pigment-Proben insbesondere auf ihre Farbbeständigkeit hin untersucht. Dazu wurden sie makroskopisch und mikroskopisch, sowie mittels Spektralphotometrie und UV-VIS-Spektrometrie untersucht.

Spektralphotometrie

Bei dieser Methode werden Farbwerte einer Oberfläche anhand ihres spezifischen Reflektionsspektrums quantitativ erfasst. Die bestrahlte Oberfläche tritt mit dem Lichtstrahl in Wechselwirkung und absorbiert, bzw. reflektiert ihn in spezifischer Weise. Ein Spektralphotometer detektiert die charakteristische Reflexion in dem für das menschliche Auge sichtbaren Wellenlängen-Bereich. Mit dieser Methode kann der Farbwert einer Probe bestimmt werden. Für die Untersuchungen wurde das mobile Gerät »ColorLite sph850« mit einem flexiblen Messkopf genutzt. Der Messbereich lag bei einem Durchmesser von 3,5 mm auf den Probeoberflächen.

UV-VIS-Spektroskopie

Hier handelt es sich grundsätzlich um die gleiche Methode wie die Spektralphotometrie. Ein UV-VIS-Spektrometer registriert jedoch nicht nur das für uns sichtbare, also farbgebende Wellenspektrum (640 nm – 430 nm Wellenlänge), sondern auch Bereiche aus dem ultravioletten (200 nm – 1 nm Wellenlänge) und dem nahen infraroten Spektrum (780 nm – 3,0 µ Wellenlänge).[18] Messungen in diesen Wellenlängen-Bereichen stellen Eigenschaften der gemessenen Stoffe dar, die nicht direkt mit dem Farbeindruck zu tun haben. Hier kann beispielsweise der Wassergehalt einer Probe eine Rolle spielen. Es handelt sich hierbei um eine weitere Methode, um Farben zu registrieren und zu vergleichen. Das genutzte UV-VIS-Spektrometer war eine stationäre Anlage des Modells »Lambda 950« der Firma »Perkin Elmer«.[19] Die Ergebnisse wurden über einen kreisrunden Messfleck mit 25 mm Durchmesser gemittelt.

---

18   Vgl. Lambert u. a. 2012, 598.

19   Die Messungen fanden in Reflexion statt.

Die gemessenen Reflexionsspektren der Spektrometer wurden als Reflexionskurve sowie in den Farbwerten der gebräuchlichen Farbsysteme dargestellt und verglichen. Ein Beispiel eines grafischen Vergleichs des Verlaufes der Reflexionsspektren ist in Abbildung 8 dargestellt.

Die Umrechnung der Spektren erfolgte in die Farbkoordinaten des CIEL*a*b*-Systems. Es klassifiziert Farben nach Helligkeit, Farbton und Sättigung. Das registrierte Spektrum wird dabei nach der Rot-, Grün- und Blauempfindung des menschlichen Sehnervs bewertet.[20] Dabei wird der Schwarz-Weiß-Anteil als L* (wobei L*= 0 vollständig schwarz, L*= 100 vollständig weiß entspricht), der Rot-Grün-Anteil als a* und der Gelb-Blau-Anteil als b* dargestellt. Durch die Bildung des Gesamtfarbabstandes (ΔE) kann der geometrische Abstand von zwei Farborten in Bezug zueinander dargestellt werden. Tabelle 3 in »Ergebnisse und Diskussion der Pigment-Untersuchungen« zeigt die Ergebnisse der Untersuchungen mit dem Spektralphotometer durch Darstellung im CIEL*a*b*-System. Für die Auswertung der Ergebnisse wurde der Mittelwert der Referenzproben und exponierten Proben von zwei Testkörpern, jeweils in zweifacher Ausfertigung, miteinander verglichen. Um eine übersichtliche Auswertung zu ermöglichen, wurden die Ergebnisse mittels eines Ampelsystems vereinfacht dargestellt.

Während der Untersuchungen stellte sich heraus, dass sämtliche behandelten Pigment- und Bindemittelproben mehr oder weniger stark kristalline oder tröpfchenförmige Ablagerungen aufwiesen. Diese wurden zusätzlich mit einem Röntgendiffraktometer untersucht (siehe Kapitel 6).

Röntgendiffraktometrie
(XRD;englisch für X-Ray Diffractometry)
Bei dieser Methode werden Röntgenstrahlen in einem bestimmten Winkel auf die Oberfläche von Proben gerichtet. Dort ergibt sich aufgrund des Kristallaufbaus der Minerale eine Reihe von charakteristischen Reflexen. Das daraus resultierende Diffraktogramm kann mit Referenzen aus Datenbanken verglichen werden. Auf diese Weise ist eine qualitative Bestimmung von kristallinen Substanzen

---

20 Vgl. ColorLite GmbH 2011, 9.

möglich.[21] Die röntgendiffraktometrischen Untersuchungen erfolgten mit dem Mehrzweckdiffraktometer »Empyrean Series 2« des Herstellers »PANalytical« am Institut für Erd- und Umweltwissenschaften – Geowissenschaften der Universität Potsdam. Die erhaltenen Spektren wurden mit der ICDD- (International Centre for Diffraction Data) und der ICSD-Datenbank (Inorganic Crystal Structure Database) verglichen.

Analytik der Bindemittel-Untersuchungen

Die Bindemittelproben wurden nach der Behandlungsphase makroskopisch und mikroskopisch sowie mittels Infrarotspektroskopie und Sekundärionen-Massenspektrometrie untersucht. Die massenspektrometrisch Untersuchung wurden allein im Rahmen von ersten Testuntersuchungen stichpunktartig an ausgewählten Bindemitteln der Untersuchungsreihen vorgenommen. Sie wurde hier als ergänzende Untersuchungsmethode zur Infrarotspektroskopie angewendet. Bei der Untersuchung der Bindemittel lag der Fokus neben möglichen farblichen Verschiebungen im Besonderen auf Veränderungen in der chemischen Struktur. Sämtliche Untersuchungen beschränkten sich auf die Oberflächen sowie oberflächennahen Schichten der Aufstriche.[22] Hier sollten mögliche Veränderungen in den Bindungszuständen erfasst werden, die auf eine Sensibilität gegenüber der Behandlung mit ionisierter Luft hinweisen würden.

Infrarotspektroskopie
(FTIR; englisch für: Fourier transformations Infrared)
Bei dieser Methode wird eine Probe mit Wellen des infraroten Bereichs bestrahlt. Sie dringen in die Substanz ein, werden dabei selektiv von ihr absorbiert und versetzen ihre Moleküle in Schwingungen und Rotationen. Jede Substanz zeigt, abhängig von den Bindungszuständen ihrer Moleküle, typische Absorbtionsspektren (siehe Abbildung 9). Diese können mit Referenzprofilen aus Datenbanken verglichen werden. Auf diese Weise kann bestimmt werden, welche Verbindungen in einer Probe vorliegen. Mit eingeschränkter Aussagekraft ist es darüber hinaus möglich anzugeben,

---

21 Vgl. Matteini, Moles, Burmeister 1990, 121.

22 Das Eindringvermögen der infraroten Strahlung beträgt ca. 5 μm. Das Massenspektrometer arbeitet mit Messtiefen von ein bis zwei Molekül-Monolagen.

wie sich die Mengenverhältnisse in der Probe darstellen.[23]
Die Untersuchungen mit einem Infrarotspektrometer erfolgten an der Fachhochschule Potsdam mit dem Modell »Spectrum 100« der Firma Perkin Elmer.

Sekundärionen-Massenspektrometrie (TOF-SIMS; englisch für: Time-Of-Flight Secondary Ion Mass Spectrometry)

Bei der Methode wird die Oberfläche einer Probe im Ultrahochvakuum mit einem gepulsten Ionenstrahl beschossen, sodass sich Sekundärteilchen von ihr lösen und ionisieren. Diese Sekundärionen werden beschleunigt und detektiert. Aufgrund der verschiedenen Masse-zu-Ladung-Verhältnisse der Teilchen weisen sie zudem verschiedene Flugzeiten auf. Das Massenspektrum der Probe kann so durch die verschiedenen Einschlagszeiten der Ionen umgerechnet und bestimmt werden. Auf diese Weise können einzelne Massenspektren gemessen werden, die eine Identifizierung von organischen und anorganischen Verbindungen ermöglichen.[24] Darüber hinaus können über das »Imaging-Verfahren« Bilder von Oberflächen erstellt werden. Dafür rastert der Ionenstrahl über die Probeoberfläche, während in jedem Bildpunkt (Pixel) ein Massenspektrum aufgenommen wird. Auch hier werden entweder die positiven oder die negativen Ionen gemessen. Die Bilder können unter Einsatz eines chemischen Kontrastmittels Verteilungsbilder von Elementen und Verbindungen zeigen (siehe Abbildungen 13 und 14 in Kapitel 6). Die Methode beschränkt sich dabei auf die obersten ein bis zwei Atomlagen einer Probe. Die massenspektrometrischen Untersuchungen erfolgten mit der Anlage »PHI TRIFT II« bei Physical Electronics GmbH in Ismaning. Die Spektren der Oberflächen wurden von einem 50 x 50 μm großen Analysebereich abgenommen. Es wurden getrennte Messungen in positiver und in negativer Sekundärionenpolarität vorgenommen.

---

23   Vgl. Matteini, Moles, Burmeister 1990,146f.
24   Vgl. Gross 2013, 1f.

Ergebnisse und Diskussion

Ergebnisse und Diskussion der Pigment-Untersuchungen

Ergebnisse

Der Großteil der Pigmente zeigte im Rahmen der Untersuchungsreihen keinerlei oder nur geringe Veränderung durch die Behandlung mit der ionisierten Luft. Die Farbverschiebungen fielen in der Regel so minimal aus, dass sie hier nicht weiter ausgeführt werden sollen. Beinschwarz, Cobaltblau und Krapp wiesen jedoch stärkere Veränderungen nach der Behandlung auf.

Auf den behandelten Aufstrichen des Beinschwarz konnte makroskopisch eine kaum merkbare Aufhellung sowie ein Abtrag der obersten Partikel-Schichten festgestellt werden (siehe Abbildung 4). Die Farbverschiebung war in den Spektren und den CIEL*a*b*-Werten der Untersuchungen mit den Spektrometern ebenfalls zu erkennen (siehe Tabelle 3).

Abb. 4

Vergleich einer behandelten Probe (oben) mit einer Referenzprobe (unten) der Beinschwarz-Aufstriche. Zu sehen ist die leichte Aufhellung des Farbtons der behandelten Probe. Die Reduzierung der Schichtdicke führte zu einem »ausgefransten« Erscheinungsbild.

Auch die behandelten Cobaltblau-Aufstriche zeigten einen Abtrag der obersten Partikel-Schichten. Zusätzlich lagen ursprünglich eingeschlossene, feine Lufteinschlüsse nun als Vertiefungen offen an der Oberfläche (siehe Abbildung 5). Diese Veränderung ließ die Oberfläche makroskopisch etwas dunkler wirken. Die Ergebnisse der Spektrometer enthielten außerdem Hinweise für eine Verschiebung des Farbtones, die makroskopisch noch nicht wahrnehmbar war. Der Gesamtfarbabstand der behandelten Proben zu den Referenzproben im L*a*b*-Farbraum lag vergleichsweise hoch (siehe Tabelle 3).

Abb. 5
Vergleich einer behandelten Probe (links) mit einer Referenzprobe (rechts) der Cobaltblau-Aufstriche. Die freigelegten Lufteinschlüsse in der Tiefe des behandelten Aufstriches sind gut erkennbar.

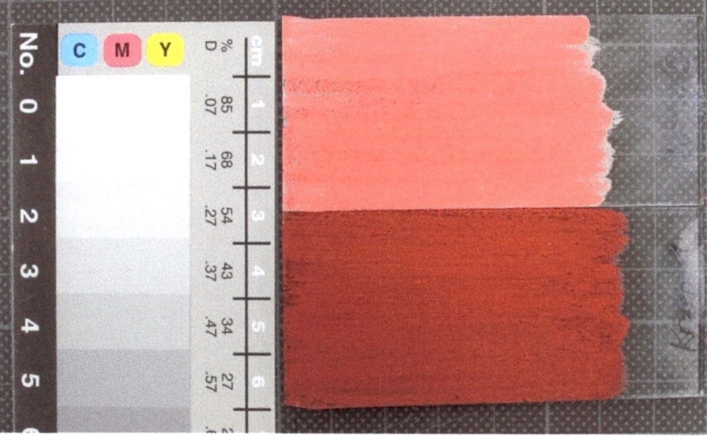

Abb. 6
Vergleich einer Referenzprobe (unten) mit einer behandelten Probe (oben) der Krapp-Aufstriche. Die starke Aufhellung des behandelten Aufstriches ist klar erkennbar.

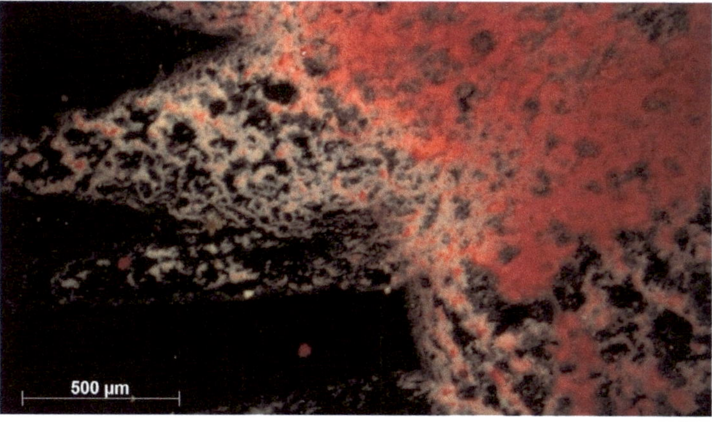

Abb. 7
Mikroskopische Darstellung einer behandelten Krapp-Probe im Dunkelfeld. Die Entfärbung einzelner Partikel ist deutlich erkennbar.

Die Krapp-Aufstriche schließlich zeigten die stärksten behandlungsbedingten Veränderungen. Schon makroskopisch fiel eine deutliche Aufhellung des Farbtones auf (siehe Abbildung 6). Mikroskopisch gesehen wurde eine regelrechte Entfärbung der Partikel in Randbereichen der Aufstriche deutlich (siehe Abbildung 7). Die Ergebnisse der Spektrometer untermauerten diese Tendenz. Die gemessenen Spektren zeigten eine starke gleichmäßige Erhöhung ihrer Remission im gesamten sichtbaren Wellenlängenbereich (siehe Abbildung 8), was ebenfalls für eine Aufhellung des Farbtons spricht. Die Ergebnisse der Auswertung im L*a*b*-Farbraum bestätigten die starken behandlungsbedingten Farbverschiebungen nochmals (siehe Tabelle 3). Der Gesamtfarbabstand fiel im Vergleich zu den anderen Pigmenten sehr groß aus.

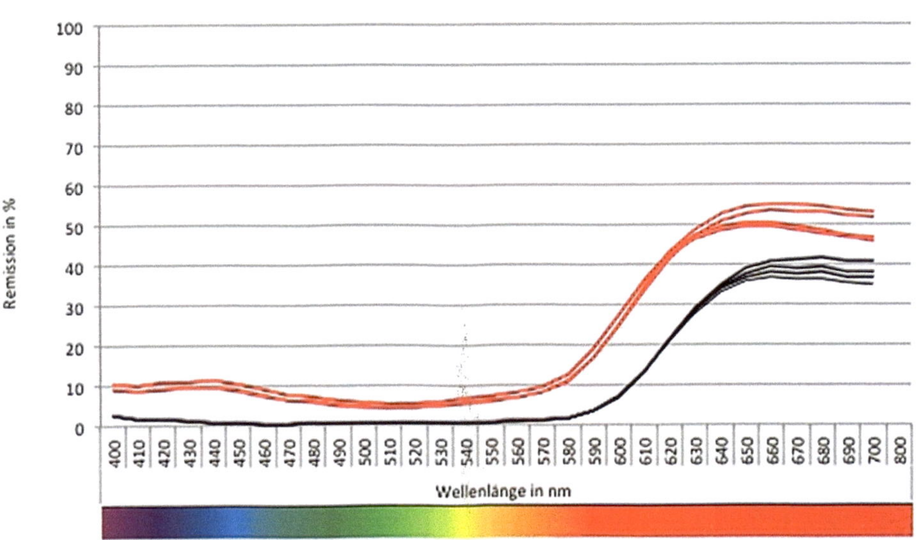

Abb. 8

Vergleich der Wellenspektren von behandelten und unbehandelten Krapp-Proben. Gut erkennbar ist die gleichmäßig höhere Remission der behandelten Proben (rot dargestellt).

Tabelle 3: Zusammenfassung der Ergebnisse der Untersuchungen mit dem Spektralphotometer

Pigment	Verschiebungsrichtung der behandelten Proben im Vergleich zu den Referenzproben im L*a*b*-Farbraum			ΔE der behandelten Probe im Bezug zur Referenzprobe
	ΔL	Δa	Δb	
Bleiweiß	dunkler	grüner	gelber	0,53
Eisenoxidgelb	dunkler	röter	blauer	1,36
Bleizinngelb	heller	röter	gelber	0,48
Neapelgelb	dunkler	grüner	blauer	0,77
Cadmiumrot	dunkler	grüner	gelber	0,42
Caput mortuum	heller	röter	gelber	2,29
Zinnober	heller	grüner	blauer	0,5
Mennige	heller	grüner	blauer	0,84
Krapp	heller	grüner	blauer	23,86
Azurit	dunkler	röter	blauer	0,13
Cobaltblau	dunkler	grüner	gelber	12,45
Chromoxidgrün	heller	grüner	gelber	0,11
Malachit	dunkler	grüner	gelber	1,08
Beinschwarz	heller	grüner	gelber	5,68

ΔL/a/b | < 1 ☐   < 2 ☐   < 3 ☐   > 3 ☐

Diskussion

Der Abtrag der obersten Partikelschichten der behandelten Beinschwarz- und Cobaltblau-Aufstriche ist höchstwahrscheinlich auf den Luftstrom des Ionisator-Gebläses zurückzuführen. Die Farbverschiebungen des Cobaltblaus und die Aufhellung des Beinschwarzes konnten im Rahmen der Thesis nicht geklärt werden. Diese Pigmente gelten bisher als beständig gegenüber Umwelteinflüssen und als verträglich mit anderen Materialien der Malerei.[25] Krapp ist dagegen bereits für seine Instabilität gegenüber UV-Strahlung, Alkalien und Säuren bekannt. Der verlackte, künstlich hergestellte Farbstoff Alizarin ist eine organische Verbindung. Da die produzierten Ionen organische Verbindungen, wie auch Schimmelpilze oxidativ angreifen sollen, war grundsätzlich eine Reaktion an organischen Pigmenten und Farbstoffen eher zu erwarten als bei anorganischen Verbindungen.

Ergebnisse und Diskussion der Bindemittel-Untersuchungen

Ergebnisse

Die behandelten Bindemittel-Proben zeigten nach der Behandlung makroskopisch und mikroskopisch keine auffälligen Veränderungen. Das Infrarotspektrometer und das Massenspektrometer detektierten jedoch Hinweise auf ein breites Spektrum an teils starken Veränderungen an den Oberflächen.

Die Wachsaufstriche zeigten im Vergleich zu den anderen Bindemitteln besonders geringe Veränderungen (siehe Abbildung 9). Auch an den Infrarotspektren der Leinölaufstriche konnten vergleichsweise wenige Hinweise auf strukturelle Veränderungen ausgemacht werden.

Die tierischen Leime (Glutinleim, Caseinleim, Eiweiß und Eigelb), also die Proteinverbindungen, zeigten dagegen in ihren Infrarotspektren durchgehend Hinweise auf einen Abbau sowie die Zunahme von verschiedenen funktionellen Gruppen. Das Massenspektrometer detektierte dazu ebenfalls Hinweise auf eine Veränderung in der chemischen Struktur (siehe Abbildung 10). In den Infrarotspektren des Celluloseleims (pflanzlicher Leim) fanden sich Indizien für einen Abbau der Cellulo-

25 Siehe Schramm, Hering 1995.

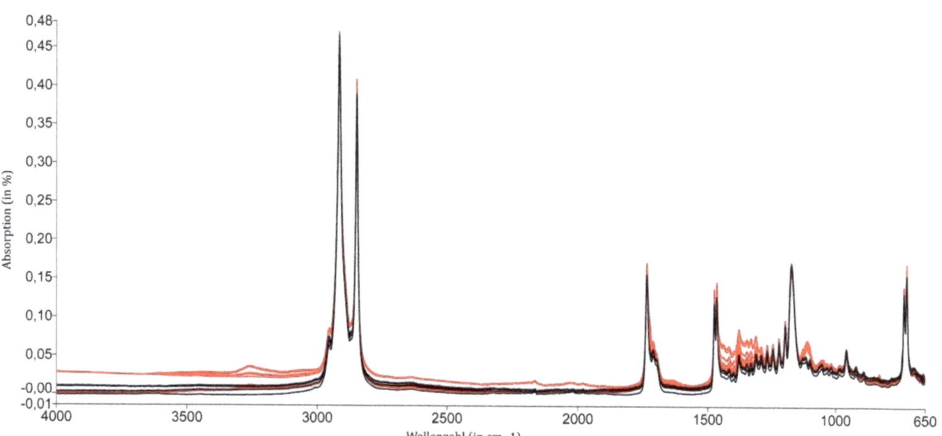

Abb. 9

Dargestellt sind die Infra-
rotspektren der behan-
delten Wachs-Aufstriche
(rote Spektren) und der
Refenzproben (schwarze
Spektren) in Absorption.

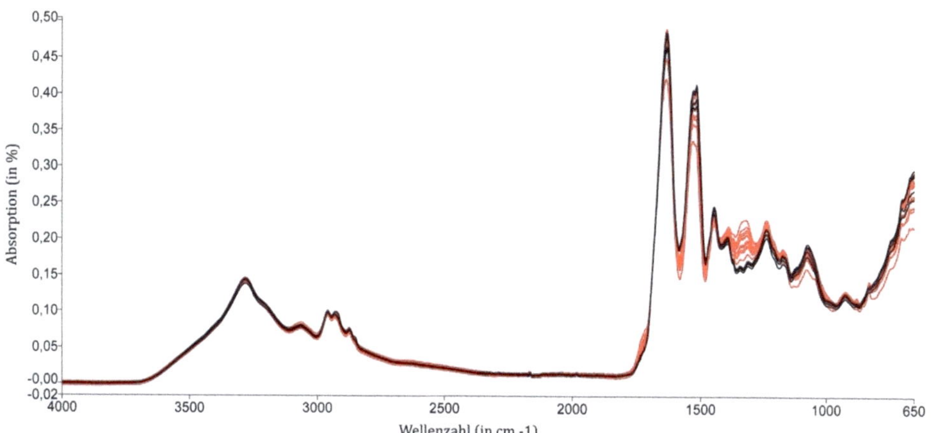

Abb. 10

Dargestellt sind die Infra-
rotspektren der behan-
delten Casein-Aufstriche
(rote Spektren) und der
Referenzproben (schwarze
Spektren) in Absorption.

seketten. Die Spektren waren jedoch teilweise kaum auswertbar. Dies lag an Überlagerungen behandlungsbedingter Ablagerungen, auf die im Anschluss noch eingegangen werden soll (siehe Kapitel Behandlungsbedingte Ablagerungen). Das gleiche Problem bestand auch bei der Auswertung der Dammarharz-Aufstriche.

Bei den beiden Kunststoffen (Polyacrylat und Polyvinylacetat) wurden schließlich die stärksten Veränderungen durch die Behandlung festgestellt. Die Schwingungen der behandelten Proben in Abbildung 11 und 12 weichen teilweise deutlich von denen der unbehandelten ab.

Diskussion

In der Forschungsarbeit wurden die Ergebnisse der Analysen vorerst in umfangreichen Tabellen dokumentiert. Dadurch ergaben sich vor allem Hinweise auf eine unterschiedlich hohe Sensibilität der Bindemittel bezüglich der Behandlung. Die Ergebnisse der Untersuchungen mit dem Infrarotspektrometer und dem Massenspektrometer konnten bei vielen Bindemittel-Gruppen jedoch nicht weiter im Detail zusammen geführt werden.

Die geringe Empfindlichkeit der Wachsaufstriche gegenüber der ionisierten Luft könnte zum Beispiel auf den geringen Anteil an funktionellen Gruppen zurückzuführen sein, die für die Reaktivität organischer Moleküle verantwortlich sind.[26] Die ebenfalls geringen Reaktionen der behandelten Leinöl-Aufstriche sind auf die materialtypischen oxidativen Trocknungsprozesse zurückzuführen. Diese können sich über einen Zeitraum von mehreren Jahren vollziehen, sodass sie zum Zeitpunkt der Behandlung und Untersuchung noch nicht abgeschlossen waren.[27] Somit kann hier keine Aussage zur Auswirkung der Methode auf gealterte Öloberflächen getroffen werden.

Starke Veränderungen zeigten insbesondere die beiden Kunststoffe Polyacrylat und Polyvinylacetat nach der 28-tägigen Lagerung im ionisierten Luftstrom. Im Rahmen von Forschungsreihen an der Fachhochschule Potsdam ergaben sich vergleichbar starke Veränderungen an den gleichen Materialien nach einer achtmonatigen künstlichen Alterung. Durch Einwirken von wechselnden Temperaturen, Luftfeuchten und der UV-Bestrahlung wurden hier die Alterungsbedingungen

---

26 Vgl. Doerner 2009, 118.
27 Vgl. Doerner 2009, 101.

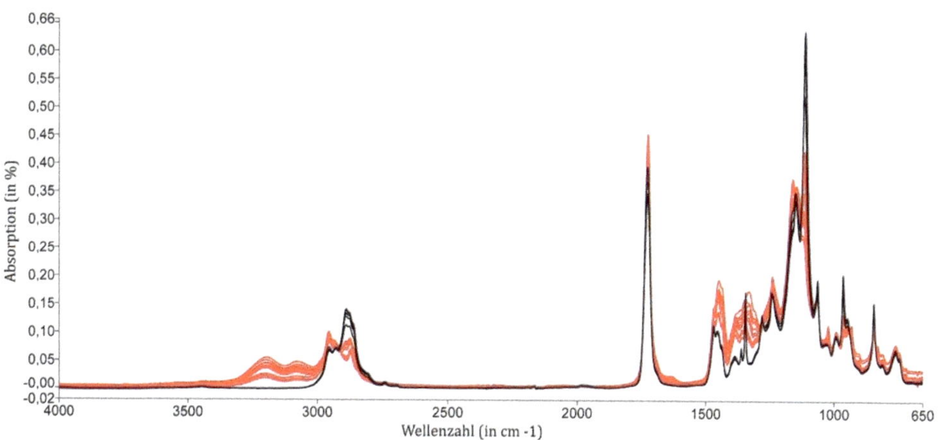

Abb. 11

Dargestellt sind die Infrarotspektren der Referenzproben (schwarze Spektren) und denen der behandelten Proben (rote Spektren) des Polyacrylats in Absorption.

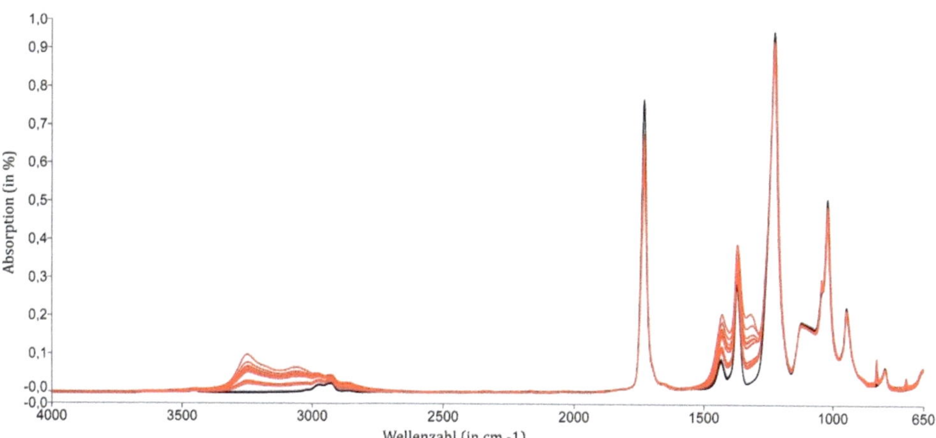

Abb. 12

Wie im Falle des Polyacrylats, zeigen auch die Infrarotspektren der behandelten Polyvinylacetat-Aufstriche (rote Spektren) und der Referenzproben (schwarze Spektren) in Absorption Hinweise auf ähnliche Veränderungen.

einer Freibewitterung nachgestellt.[28] Dies spricht für einen klaren behandlungsbedingten Effekt bei diesen Proben.

Behandlungsbedingte Ablagerungen

Ein zusätzliches Phänomen soll hier separat Erwähnung finden, welches bei dem Einsatz von ionisierter Luft an Kulturgut von Bedeutung sein könnte. Nach der Lagerung im ionisierten Luftstrom wurde auf der Tischplatte, auf den Transportbehältnissen und den nicht bestrichenen Bereichen sämtlicher Trägermaterialien der Proben makroskopisch ein Belag ausgemacht, welcher sich mikroskopisch betrachtet als heterogen geformte Kristalle oder Tröpfchen herausstellte. Auf den Pigment-Aufstrichen selber konnten diese nicht erkannt werden. Bei den Bindemittel-Proben traten sie jedoch bei mikroskopischer Betrachtung in verschieden starker Ausprägung und Verteilung auch auf den Aufstrichen selber auf. Die röntgendiffraktometrischen Untersuchungen dazu ergaben, dass in diesen Ablagerungen Nitrammit ($NH_4 NO_3$) enthalten ist. Die Schwingungen dieser Ammoniumnitrat-Verbindung konnten auch in den Infrarotspektren der Bindemittel-Untersuchungen nachgewiesen werden. Die Schwingungen der Ablagerungen überlagerten die der Bindemittel teilweise so stark, dass die Spektren kaum als Veränderungen der Aufstriche selbst interpretiert werden können. Auch das Massenspektrometer konnte in den Spektren und den Images neben den Nitraten und Nitriten das Ammonium-Ion auf den Bindemittel-Oberflächen detektieren.[29]

Die Abbildungen 13 und 14 zeigen TOF-SIMS Images eines 100 µm x 100 µm großen Ausschnittes einer behandelten Polyacrylat-Probe mit unterschiedlichen chemischen Kontrasten. Abbildung 13 zeigt Kontraste in positiver Polarität und Abbildung 14 Kontraste in negativer Polarität. Die Ablagerungen setzen sich hier teils deutlich durch ihre abweichende chemische Zusammensetzung von der Polyacrylat-Oberfläche ab. Die hellen Bereiche sprechen hier jeweils für ein hohes Vorkommen des jeweiligen Ions, dunkle Bereiche dagegen auf ein geringes Vorkommen.

28 Vgl. Fuchs 2013, 52.
29 Reichlmaier 2015.

Im Rahmen der bisherigen Forschungen konnte bislang noch nicht geklärt werden, wo und wann sich die Verbindungen während der Behandlungsphase bildeten und ob die Bindemittel sowie die produzierten Ionen selber an dem Bildungsprozess beteiligt sind. Da auch die Trägermaterialien, wie die Glasträger ohne Aufstriche, von dem Phänomen betroffen sind, kann es sich jedoch nicht um Umwandlungsprodukte der Bindemittel selber handeln.

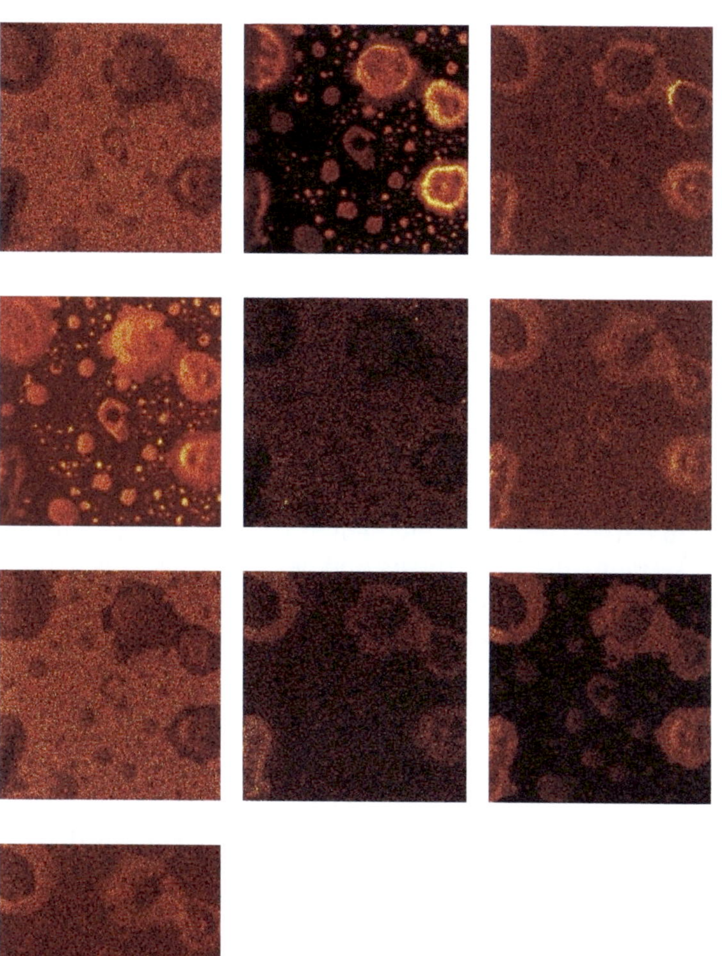

Abb. 13
TOF-SIMS Images einer behandelten Polyacrylat-Probe mit chemischem Kontrast in positiver Polarität (100 µm x 100 µm). Von links nach rechts gelesen ist die Verteilung von: CH3, Na, Si, K, Ca, CH3Si, C4H9, C3H9Si, C2H5O, C2H3O.

Schlussfolgerung

Die Untersuchungen im Rahmen der Forschungsarbeit lieferten insgesamt deutliche Hinweise auf behandlungsbedingte Veränderungen an ausgewählten Bindemitteln und Pigmenten. Unter den Pigmenten stachen Veränderungen des Krapps, des Cobaltblaus und des Beinschwarzes hervor. Bei den Bindemitteln zeigten sich Veränderungen im Besonderen an den Kunststoffen, aber auch an den tierischen und pflanzlichen Leimen. Weiter konnten auf den behandelten Bindemittel-Proben Ammoniumnitrat-Ablagerungen festgestellt werden, deren Herkunft und Entstehung bisher nicht geklärt werden konnten.

Es ergab sich insgesamt eine große Anzahl an Ansätzen zu weiterführenden Untersuchungsreihen. Für das derzeit noch nicht abgeschlossene Forschungsprojekt sind Testreihen zu empfehlen, welche allein auf die Wirkung des Raumklimas der Crodel-Halle sowie des Gebläses der Maschine ohne Ionenproduktion auf die Pigmente und Bindemittel zielen. Dabei könnte herausgefunden werden, ob sich auch ohne Ionenproduktion eine materialverändernde Wirkung einstellt und ob auch hier Stickstoffverbindungen auf den Oberflächen nach der Behandlung vorliegen. Weiter muss betont werden, dass aufgrund des fehlenden Detailwissens über das Ionenentkeimungssystem zur Art und Intensität der Ionenproduktion die Ergebnisse der Untersuchungen nur auf diese Maschinen bezogen werden können.

Auch wenn an dieser Stelle noch viele Fragen ungeklärt bleiben, sprechen die Ergebnisse dafür, dass sich bei einer Behandlung zwecks Abtötung der Keime auch Veränderungen an Wandmalereien selber einstellen könnten.

Somit kann derzeit eine Behandlung unter Einsatz von ionisierter Luft ohne vorangehende weitere Forschung nicht empfohlen werden. Es muss allerdings an dieser Stelle darauf hingewiesen werden, dass auch für andere Desinfektionsmaßnahmen, wie z. B. den Einsatz von Bioziden, umfassende Testungen zur Materialverträglichkeit weitgehend fehlen.

Danksagung

Ich möchte mich an dieser Stelle ganz herzlich bei allen Personen bedanken, die mich bei der Umsetzung der Masterthesis und der UROP-Publikation unterstützt haben.
Mein Erstprüfer Prof. Dr. Steffen Laue von der Fachhochschule Potsdam und meine Zweitprüferin Prof. Dr. Karin Petersen von der Hochschule für Angewandte Wissenschaften und Kunst Hildesheim berieten mich fachlich und begleiteten mich während des gesamten Forschungsprozesses.

Dipl.-Ing. Luise Albrecht, von der Fachhochschule Potsdam betreute mich als UROP-Koordinatorin beim Verfassen der Masterthesis und der vorliegenden Publikation.

Dipl.-Chem. Christine Fuchs von der Fachhochschule Potsdam betreute mich während der Untersuchungen mit dem Infrarotspektrometer.

Mit Dr. Peter Popp von der Fachhochschule Potsdam führte ich die Untersuchungen mit dem UV-VIS-Spektrometer durch.

Herr Dipl.-Ing. Stefan Reichlmaier der Physical Electronics GmbH gab mir die Möglichkeit, meine Arbeit durch massenspektrometrischen Untersuchungen zu erweitern.

Literatur

Bayrhuber, Kull 1998
Bayrhuber, Horst; Kull, Ullrich (Hrsg.): Linder Biologie, Hannover 1998.

Berner, Petersen 1992
Berner, Michaela; Petersen, Karin: Mikroorganismen auf Wandmalereien, in: Restauro, 1992, 164-167.

Birresborn 2016
Birresborn, Lilli: Ionisierte Luft-Untersuchungen zur Wirkung auf Mikroorganismen, Pigmente und Bindemittel der Wandmalerei, Masterthesis FH Potsdam, Potsdam 2016.

ColorLite GmbH 2011
ColorLite GmbH: Spektrophotometer sph860/ sph900 Bedienungsanleitung/ User Manual, Katlenburg-Lindau 2011.

Doerner 2009
Doerner, Max: Malmaterial und seine Verwendung im Bilde, Freiburg 2009.

Eastaugh 2008
Eastaugh, Nicolas: Pigment compendium, Amsterdam 2008.

Fischer 2005
Fischer, Friedrich: Patentnr. DE 102004010656 A1. Deutschland 2005.

Fuchs 2013
Fuchs, Christine: Analytik von synthetischen polymeren Konservierungsmitteln, in: Laue, Steffen (Hrsg.): Kunststoffe als Konservierungs- bzw. Restaurierungsmaterial (Potsdamer Beiträge zur Konservierung und Restaurierung, 3), Berlin 2013, 46-57.

Gross 2013
Gross, Jürgen H.: Massenspektrometrie – Ein Lehrbuch, Berlin Heidelberg 2013.

Heberer u. a. 2005
Heberer, H.; Nies, E.; Dietschi, M.; Möller, A.; Pflaumbaum, W.; Steinhausen, M: Überlegungen zur Wirkung und toxikologischen Relevanz von NTP-Luftreinigungsgeräten, in: Gefahrstoffe. Reinhaltung der Luft 65, Heft 10, 2005, 419-424.

Hilge, Petersen, Krumbein 1998
Hilge, Catja; Petersen, Karin; Krumbein, Wolfgang E.: Auswirkung von UV-Bestrahlung und Ozon auf die Stoffwechselaktivität von Gestein und Putz besiedelnden Mikroorganismen, in: Zeitschrift für Kunsttechnologie und Konservierung 12, 1998, 162-173.

Horie 2010
Horie, Charles Velson: Material for Conservation: Organic consolidants, adhesives, and coatings. Amsterdam 2010.

Lambert u.a. 2012
Lambert, Joseph B.; Gronert, Scott; Shurvell, Herbert F.; Lightner, David A.: Spektroskopie: Strukturaufklärung in der Organischen Chemie. München 2012.

Löffler 2013
Löffler, Clara: Nachstellung von Pigmentveränderungen durch den Einfluss von UV und Ozon. Facharbeit FH Potsdam, Potsdam 2013 (unveröffentlicht).

LWT GmbH 2015
LWT GmbH: Dokumentation des Ionenentkeimungssystem zur Raumluftbehandlung in der Crodelhalle (Bedienungsanleitung des Herstellers) 2015.

Matteini, Moles, Burmeister 1990
Matteini, Mauro; Moles, Arcangelo; Burmester, Andreas: Naturwissenschaftliche Untersuchungsmethoden in der Restaurierung, München 1990.

Reichlmaier, 2015
Reichlmaier, Stefan (Physical Electronics GmbH in Ismaning): Analysebericht zu den Messungen am TOF-SIMS, 2015 (unveröffentlicht).

Schäning 2010
Schäning, Anke: Synthetische organische Farbmittel aus einer technologischen Materialsammlung des 19./20. Jahrhunderts: Identifizierung, Klassifizierung und ihre Verwendung sowie Akzeptanz in (Künstler)Farben Anfang des 20. Jahrhunderts, Dissertation an der HAWK Hildesheim, Wien 2010.

Schöne 2015
Schöne, Peter: Dokumentation zur Untersuchung und konservatorischen Maßnahmen am Wandbild von Charles Crodel, 2015 (unveröffentlicht).

Schramm, Hering 1995
Schramm, Hans-Peter; Hering, Bernd: Historische Malmaterialien und ihre Identifizierung, Stuttgart 1995.

Wiesmüller, Heinzow, Herr 2013
Wiesmüller, Gerhard Andreas; Heinzow, Birger; Herr, Caroline (Hrsg.): Gesundheitsrisiko Schimmelpilze im Innenraum, Heidelberg, 2013.

Winkelmann 2012
Winkelmann, Ulrich: Kann ionisierte Luft die Staubanziehung bei Objekten aus Kunststoff verringern? Versuche an bildseitig mit Acrylglas kaschierten Fotografien (DIASEC®), in: VDR-Beiträge zur Erhaltung von Kunst- und Kulturgut, Heft 2, 2012, 49-56.

Ziemann u. a. 2009
Ziemann, Martin; Hahn, Oliver; Laue, Steffen; Schlütter, Frank.: Pigmentveränderungen, in: Brandenburgisches Landesamt für Denkmalpflege und Archäologisches Landesmuseum (Hrsg.): Umweltbedingte Pigmentveränderungen an mittelalterlichen Wandmalereien. Beiträge des 3. Konservierungswissenschaftlichen Kolloquiums in Berlin/Brandenburg am 13. und 14. November in Potsdam und Ziesar (Arbeitshefte des Brandenburgischen Landesamtes für Denkmalpflege und Archäologisches Landesmuseum 24), Worms 2009, 53-93.

Abbildungsnachweise

Abb. 1: Birresborn, Lilli 2016. Eigene Zeichnung des Ionenentkeimungssystems nach Erläuterungen in der Bedienungsanleitung des Herstellers.

Abb. 2-12: Birresborn, Lilli 2015.

Abb. 13-14: Reichlmaier, Stefan 2015.